Solare Fotovoltaico Pompaggio dell'acqua:

Come Costruire Sistemi Solar Powered Fotovoltaici di Pompaggio dell'acqua per Deep Wells, Stagni, Ruscelli, Laghi e Torrenti

Christopher Kinkaid

I0476329

 Solardyne.com

Published by Solardyne, LLC
Portland, Oregon

ISBN-13: 978-1500706067
ISBN-10: 150070606X

Sommario

Prefazione

Pompare l'acqua è un grande lavoro. Elettrico alimentato solare Pompe acqua (PV) sono il modo più efficace per pompare pozzo profondo o superficiale stagno, fiume, lago o lo streaming ad alte prestazioni, affidabilità e carburanti no-cost. E 'il vostro club, stagno o un lago in un sito remoto? Solar Electric Photovoltaic (PV) a prezzi storicamente bassi, minori costi e può essere la soluzione per il pompaggio dell'acqua.

Innaffiare il tuo bestiame, irrigare i frutteti, giardini, campi o terreni agricoli questa guida con facile passo passo completa di esempi specifici di attrezzature di pompaggio dell'acqua per situazioni diverse. Pompare l'acqua dal pozzo o di superficie fonte superficie direttamente con pannelli solari fotovoltaici.

Dimensioni del sistema solare di pompaggio questa guida passo passo per la definizione e la realizzazione del vostro progetto di pompaggio di acqua solare.

A proposito di questo libro

Questo book è scritto come una guida passo per passo alla definizione di "statistiche vitali" del tuo pompaggio di acqua solare progetto e scegliere l'attrezzatura giusta per fare il lavoro. Se si dispone di uno specifico progetto di pompaggio di acqua solare in mente, quindi visitare il Solar PV Powered sistema elencati esempi si trovano nella Guida rapida al capitolo nove.

La **Guida rapida** contiene che ti portano ad uno specifico sistema di pompaggio di acqua solare. Esempi di pompaggio solari sono definiti dalla profondità pozzo e galloni al giorno consegnate. Se si sta pompando da una fonte d'acqua di superficie, come uno stagno, ruscello, lago, fiume o piccoli sistemi fluviali sono elencati in galloni consegnati.

Capitolo 2 descrive il processo passo dopo passo per configurare il sistema per il proprio sistema, o per parlare con un fornitore esterno. Utilizzare questo processo per identificare le "statistiche vitali" del sistema.

Il **Capitolo 3** illustra l'uso di fonti di energia solare, e come configurare gli esempi elencati in questo libro. **Capitolo 4** a 7 descrivono il pompaggio di acqua di pozzo per pompe sommerse che vanno in profondità da 20 metri a 800 metri. Gli esempi includono fotovoltaico alimentazione del sistema elenco delle parti che descrive i pannelli solari fotovoltaici specifici da utilizzare, e che la tensione di sistema per azionare la pompa per una maggiore produttività.

Capitolo 8 descrive il pompaggio di acqua con l'energia solare per le fonti d'acqua poco profonde come stagni, laghi, ruscelli, torrenti e piccoli fiumi. Sistemi solari fotovoltaici sono definiti da "Alzati," in tutto o ascensore, per esempio, piccole colline e scarpate sulla loro proprietà, e il totale di "Run" o la distanza orizzontale che si desidera spostare l'acqua. I sistemi solari di cui può pompare fino a quattro miglia, e sollevare in alto 400 piedi.

Questo book "PV Solar pompaggio dell'acqua" è stato scritto per essere una risorsa per la pianificazione e l'attuazione di una pompa ad acqua solare sistema elettrico (PV) solari per fornire acqua ai siti remoti. Ideale per le baracche isolate, case a distanza, off grid soggiorno, giardino, giardinaggio, progetti agricoli e bestiame annaffiando, pannelli solari fotovoltaici rendono un'ottima fonte di energia e possono pompare grandi quantità di acqua.

Chi l'Autore

Christopher Kinkaid

Christopher (Toby) Kinkaid, originario di Portland, Oregon, è il fondatore di **Solardyne.com**, **SolarQuote.com** e **AlgaeToday.com**, e ha lavorato nella tecnologia dell'energia pulita per oltre tre decenni.

Kinkaid è l'inventore del generatore "Helyx" asse verticale, la "Butterfly", senza immagini di solare modulo fotovoltaico concentrazione (funzionamento continuo a Sandia National Laboratory dal 1994), l'obiettivo ottico del concentratore solare demultiplexer solare (Dr . James / Sandia National Laboratory, 1991), e l'inventore dell'originale "Solar Power Pack" (Mother Earth News, "Littlest Utility" giugno / luglio 2001). Kinkaid è stato relatore e presentatore delle tecnologie energetiche pulite ufficiale in tutto il mondo, tra cui "APEC" Bangkok, Tailandia, 2003 "World Energy Solutions," Tokyo, Giappone, 2003 La Conferenza Internazionale Biomassa (IBC), 2010, Minneapolis, MN, e l'Organizzazione (ABO) Algae Biomass Conference 2010, Phoenix, AZ.

Christopher (Toby) Kinkaid, è apparso nelle interviste televisive Koin, KGW TV, e "Oggi sostenibile" prodotto in Oregon, e ha fatto parte del consiglio della National Hydrogen Association, Washington DC, 1993, il Satellite Giappone Communications Company (JCNET), Fukuoka, Giappone, 1994-1995, e Algaedyne Corporation, Preston, MN, 2010-2013.

Kinkaid, attualmente è amministratore delegato di **Solardyne.com**, a Portland, Oregon, dove continua il suo lavoro su energia solare, eolica, biomasse e tecnologia, applicazioni, ricerca e sviluppo.

Introduzione

La necessità di pompare acqua è essenziale per la vita, ed è prima dell'età neolitica. Senza acqua in movimento, nessuna civiltà. Allora, come oggi, la nostra domanda di acqua è di vitale importanza per l'agricoltura, zootecnia, residenziale, le esigenze commerciali ed industriali, ed è disponibile sul loro sito ogni giorno, l'energia solare può essere una fonte di energia efficace con grande vantaggio.

Oggi, pannelli solari elettrici moderni (PV) fa sì che la pompa dell'acqua relativamente facile da installare, conveniente, e fornisce ottime prestazioni e affidabilità dove conta: un giorno nel campo. I pannelli solari fotovoltaici sono allo stato solido, senza parti in movimento, sigillato dall'ambiente, incorniciato resistente, valutato per le posizioni estreme e spesso portano una garanzia di 25 anni per fare un'alimentazione elettrica affidabile.

Con un design adeguato, e le opzioni hardware, (il punto di questo Book) sistemi di pompaggio di acqua solare sono l'acqua incredibilmente produttiva passando da grandi profondità, e / o lo spostamento di acqua su lunghe distanze con il flusso di tutto rispetto.

Questo book è concepito come una guida passo passo per definire prima il sistema di pompaggio di acqua solare, quindi corrispondere a quella progetto per uno degli esempi forniti. Se avete bisogno di campionatori d'acqua più pompata dalla lista, utilizzare il capitolo due per definire il vostro progetto in modo che la pompa dell'acqua provider può identificare rapidamente il sistema giusto per il vostro progetto specifico. I pannelli solari fotovoltaici forniscono forti tensioni continue che si adattano molto bene alle pompe solari DC disponibili sul mercato.

Utilizzare l'energia solare per pompare acqua dai pozzi di 20 metri a 800 metri. Utilizzare l'energia solare per pompare l'acqua dal vostro stagno, lago, fiume, torrente o piccolo fiume con pompe di superficie. Avere un progetto di pompaggio di acqua solare in mente? Visita Capitolo Nove per un breve resoconto ai sistemi inclusi.

Capitolo Uno - acqua calda solare di pompaggio Big Picture

Sistemi di pompaggio dell'acqua con l'energia solare in grado di sollevare da fonti di acque profonde direttamente da pozzi profondi e la pompa da fonti di superficie, quali laghi, stagni, ruscelli, torrenti e piccoli fiumi. Ci sono due tipi fondamentali di sistemi di pompaggio di acqua solare a seconda della vostra acqua: pozzi o sorgenti superficiali.

In questo book, saremo abbattere le domande che dovete chiedere a definire i requisiti di sistema. Poi, faremo corrispondere a quelle esigenze di tipo solare pompa dell'acqua e le specifiche adatte per il lavoro. Necessità di raccogliere l'acqua più di 600 metri? Avete bisogno di almeno 7.000 litri consegnati ad un serbatoio di 200 metri di distanza dalla pompa? Questo Book passerà attraverso ciò che è necessario per sviluppare questi temi e arrivare alla miglior sistema di pompaggio di acqua solare per il progetto di pompaggio dell'acqua in particolare.

Iniziamo definendo una domanda di acqua al giorno - la quantità di acqua necessaria ogni giorno Qual è la tua fonte di acqua profonda? Abbiamo bisogno di conoscere alcune informazioni di base sul tipo di acqua dalla sorgente d'acqua. Pompe ad acqua solari utilizzano attrezzature diverse a seconda della fonte di acqua è acqua di pozzo o di superficie.

Per profondo tasso ben pompaggio pompa standard utilizzato è la pompa sommergibile. La pompa sommergibile ha bisogno di un buco di almeno 3" pollici di diametro (4 pollici per le pompe più grandi) e lasciò cadere nel pozzo con il cavo di alimentazione, corda goccia, e il tubo di alimentazione dell'acqua. Pannelli solari fotovoltaici elettrici, rack di montaggio e il regolatore è montato sul pavimento vicino al pozzo, una pompa e cablaggio / tubo sommergibile caduto nel pozzo.

Fonti idriche superficiali, di solito poco profondo, come laghi, stagni, ruscelli, fiumi, vasche o cisterne utilizzate una pompa di superficie. Diversi tipi di pompe di superficie sono una funzione della quantità di acqua da pompare, ciascuno con vantaggi e caratteristiche. Più avanti in questo libro sotto le pompe di superficie andremo attraverso le diverse caratteristiche di ogni tipo, e come analizzare la "qualità dell'acqua" dalla fonte superficie. Stagni, laghi e altri sistemi aperti possono essere particelle nuvolosi o torbidi in acqua quindi è sabbiosa. Alcune pompe sono vulnerabili alle acque di superficie sabbiosa. Se sei l'acqua è torbida o grintoso quindi è necessario un filtro in linea.

Solar superficie sistemi di pompaggio a motore montato pannelli solari fotovoltaici, scaffali e di controllo della pompa stessa intorno al lato della parte superiore e montato a pochi metri dalla sorgente d'acqua.

Pompe di superficie sono collocati vicino a un ruscello, stagno o ruscello dove all'ombra di solito a causa di alberi o arbusti. In questo caso, i pannelli solari fotovoltaici possono essere posizionati a una distanza massima dalla pompa 75 piedi. La pompa di superficie deve essere posizionato a terra in prossimità di acqua (meno di 10 metri in orizzontale e 10 metri in verticale), e su una base solida. Inserire una piccola piattaforma di cemento non è una cattiva idea se si sta andando fuori della pompa per lunghi periodi. Se siete in un clima estremo, allora non si dovrebbe costruire un box o di avere un recinto all'aperto per proteggere la pompa e il regolatore della pompa dagli elementi. Una volta che la pompa di superficie viene installato vicino l'acqua, solo il tubo di aspirazione viene immersa nell'acqua di sorgente. Pompe di superficie pompe sommergibili sono diversi, come vedremo più avanti nel libro.

Alzati, Run Water Day

Tutti i progetti di pompaggio dell'acqua possono essere definiti da tre fattori fondamentali di acqua: invece, eseguire, e il volume di acqua consegnati ogni giorno. Una volta che abbiamo definito questi aspetti lavoreremo il carico posteriore e raggiungere l'alimentazione solare adatta alla dimensione della pompa. L '"aumento" si riferisce l'altezza totale (testa) è necessario per sollevare l'acqua. L'acqua potrebbe essere un bene, per esempio, sanno che la falda freatica non si trova a 100 metri di profondità. Può anche essere necessario aumentare l'acqua altezza in più per riempire il serbatoio o cisterna. Aggiungi tutto questo tempo per raggiungere il vostro totale di "**Rise**."

"**Run**" si riferisce alla lunghezza della distanza necessaria per pompare l'acqua in superficie. Anche se la loro terra può andare su e giù, Esegui si riferisce alla lunghezza totale della distanza orizzontale devi pompare per arrivare al vostro serbatoio o cisterna. Poi è necessario disporre di un numero per l'importo totale giornaliero di acqua è necessario consegnare.

Molte pompe sono valutati da galloni al minuto (GPM) di pompaggio. Questo può essere un valore del leader mancanti, al contrario di un plug-in AC pompa che può essere eseguito, come il tempo che volete, c'è un limite al numero di ore al giorno di pannello solare fotovoltaico si accende la pompa. Quindi, pensare in termini di numero di galloni al giorno (GPD) è necessario non solo in termini di flussi, ma la quantità totale della produzione di tutti i giorni.

Ad esempio, le richieste per l'innaffiamento di bestiame possono essere stimati a 30 litri al giorno a testa (di più se in un clima caldo). Una mandria di 200 mucche richiede 6.000 litri al giorno. Assicuratevi di stimare le loro esigenze idriche in termini di galloni al giorno (GPD), questo vi aiuterà a misurare l'acqua solare sistema di pompaggio necessario per la vostra applicazione.

L'energia solare è una forza potente. L'intensità del sole in un dato momento oscillerà essere una fonte naturale, e per il pompaggio di acqua che è importante, ma nel corso del tempo il sole offre una energia media affidabile. Il picco del solare (1000 watt per metro quadrato) viene utilizzato per stimare l'energia effettiva fornita da un pannello solare fotovoltaico al fine di pompare acqua. Ogni luogo sulla Terra ha un picco equivalente solare equivalente. A Portland, Oregon Peak punteggio ora è di 3,5 ore al giorno. In Kansas, la trama punteggio nelle ore di punta è di 5,5, per esempio.

I suoi progetti di localizzazione fare una ricerca su Internet per i siti a segno nelle ore di punta. Moltiplicando pannelli solari fotovoltaici di potenza la valutazione di picco della sua posizione indica la quantità di energia vostri pannelli solari fotovoltaici producono, in media, ogni giorno sul vostro sito.

Esempio 1: Se il vostro sito sta pompando in Kansas, con una valutazione di picco di 5,5, e quindi 1.000 watt di energia solare produrrà 5,5 chilowattora (kWh) di energia al giorno.

Esempio 2: Se il vostro sito sta pompando nel sud della California (6,5 ore di punta solare) da un pannello solare fotovoltaico nominale 500 watt, la quantità di energia che il pannello solare produce 500 watt? Risposta: L'energia è uguale alla potenza x tempo. La potenza del pannello voto (500 watt) volte il valore di picco ore nominale (6.5 in questo esempio) produce un quotidiano di potenza 3250 watt-ora di uscita, pari a 3,25 chilowattora (kWh) di ogni giorno.

Solar pompaggio di acqua nel campo

Pompe solari possono funzionare in varie località tra cui deserti, tropici, alta quota, tempo e ambienti urbani. Se sei le dimensioni della propria produzione di energia solare di un pannello solare fotovoltaico dovrebbe essere "overrated Da" secondo queste condizioni estreme. Ad esempio, tutti i dispositivi elettronici non piace calore, temperature più elevate causano una caduta di tensione in moduli fotovoltaici. Pannelli solari fotovoltaici, per definizione, sono il sole e possono diventare molto caldi. Se siete in un luogo particolarmente caldo ridurre la sua potenza del 20%. Negli esempi riportati nei capitoli seguenti la riduzione di potenza richiesta è stata calcolata in modo da se seguite i miei esempi è tutto pronto. Se si progetta i propri sistemi quindi assicurarsi di ridurre il potere dei pannelli solari.

Una volta che si conosce il luogo e la corsa, la seguente chiave è sapere quanta acqua hai bisogno ogni giorno. Una volta che conosci il tuo fabbisogno giornaliero di galloni al giorno (GPD), allora possiamo iniziare a lavorare il problema all'indietro per finire con il giusto equipaggiamento per pompare l'acqua.

Se la fonte di acqua si trova in un luogo remoto, o l'elettricità non è disponibile, o costoso a filo, l'energia solare è una scelta efficace. Pompe rete elettrica utilizzando corrente alternata (AC). Sistemi di pompaggio dell'acqua con l'energia solare anziché in corrente continua (DC) per dare un'ottima partita al pannello solare fotovoltaico e le tensioni della batteria.

Tradizionale AC pompe scappare rete energetica tradizionale sono spesso pompe centrifughe e sono progettati per ruotare quanta più acqua possibile minuto a velocità molto elevate di pompaggio. Pompe CA tipiche hanno potere alta energia si riferiscono, specialmente quando è alta pressione (spesso autoindotta pompaggio più tubo supporta i), o nel caso di basse portate, risultando in una minore efficienza. Questi problemi rendono pompe per l'acqua con l'energia solare un'opzione attraente dal punto di vista delle prestazioni, dal momento che tensioni CC del pannello solare sono progettati per assomigliare il sorteggio della pompa. Agire anche come driver massimi Power Point Tracker (MPPT), che aumenta ulteriormente l'efficienza della pompa ad acqua solare di CC.

Per ottimizzare le prestazioni del sistema pompe solari fotovoltaici di potenza DC sono spesso costruiti di pompe più efficienti, e l'uso della tecnologia "tipo volumetrico" pompare una quantità fissa di acqua ad ogni rotazione della pala la pompa. Tempo nuvoloso e il male possono avere meno energia dal sole in un dato momento, ma la pompa volumetrica, non subiranno alcuna perdita di prestazioni a bassa potenza. Quindi, se avete solo la metà della luce del sole, si pompa ancora la metà del volume d'acqua. Eccellente scelta di efficienza per le condizioni reali di cambiamenti nei livelli di luce.

Pompe AC sono progettati per andare più velocemente possibile per pompare più acqua nel minor tempo possibile. Tuttavia, queste pompe ad alta potenza elettrica fame AC produrre una elevata quantità di attrito "interna" all'interno del tubo spreco energetico. Più piccolo è il diametro del tubo scelto, sarà l'attrito interno per una data velocità di acqua. Pompe lento, come si vedrà più avanti nei capitoli della pompa di superficie, sfruttano l'acqua si muove lentamente attraverso il tubo notevolmente aumentato l'efficienza. Questo minimizza l'attrito interno, e diminuisce la dimensione della matrice di energia solare fotovoltaica per alimentare il sistema di pompaggio.

La strategia di pompaggio di acqua solare versi DC spina di alimentazione CA affamato alla pompa, è la classica gara tra la tartaruga e la lepre. Pompa AC è lepre, pompare una grande quantità di acqua in un breve periodo di tempo. Il sistema di pompaggio di acqua solare DC è progettato per essere la tartaruga, e durante il giorno, consegnare la quantità di acqua si aspetta il sistema. Questo vantaggio si traduce in grandi risparmi nel costo del sistema in modo che è più piccolo.

Pompe sommerse per il pompaggio di acqua di pozzo

Se la fonte di acqua è un bene profondo, allora avete una pompa sommersa. Bene pompaggio di acqua con una pompa sommersa, alimentata con pannelli solari fotovoltaici in grado di fornire da 1 gallone al minuto (GPM) per più di 80 GPM utilizzando l'energia solare. Più grande è l'insieme di pannelli solari fotovoltaici, più acqua si pompa. La quantità di acqua può essere pompata con una serie di pannelli solari fotovoltaici, perché dipenderà dalla crescita totale (altezza, testa) dovrete sollevare l'acqua. Assicurati di discutere il livello di acqua nel bene e stima, se il vostro tavolo gocce d'acqua come la pompa fuori dall'acqua. La maggior parte dei pozzi è sottratta la falda un po, o più, in determinate condizioni, mentre il pompaggio di ciò che si vuole calcolare la profondità e con un margine di errore per compensare. Questa è la profondità che abbasserà la linea di caduta sommergibile con una pompa (di solito corda o cavo).

Pompe sommerse sono progettate per le dure condizioni di essere sottoterra. Le temperature più fredde che a queste profondità aiutano a mantenere la corsa fresco pompa e prolungare la vita della pompa.

Se si prevede di utilizzare una pompa sommersa per pompare acqua brevi altezze verticali di vasche o serbatoi fuori terra terra per una canotta, per esempio, allora deve essere utilizzato in una certa protezione contro il surriscaldamento della pompa. Se si va alla pompa da un pavimento serbatoio, soffitto (solo 25-35 metri in verticale), e si desidera utilizzare una pompa sommersa, quindi montare la pompa interna (concentrica) un grande tubo di plastica verticale che funge da un camino. Il tubo è maggiore del diametro della pompa per permettere all'acqua di scorrere su e intorno alla pompa. Il "altezza" del tubo di plastica sarà leggermente più lunga della pompa, con la pompa al centro. L'idea è che la pompa di calore presa acqua avrà una direzione di seguire, con più acqua rispetto al fondo del tubo, la pompa dell'acqua. Pompe e profonde sommergibili non hanno alcun problema di surriscaldamento e sono progettati per condizioni operative.

Questo book copre diverse profondità dei pozzi e la quantità di acqua con componenti solari fotovoltaici elencare l'alimentazione corretta nei capitoli specifici indicati di seguito. Scegliete il vostro solare alimentato pompa sommersa in base alla profondità del pozzo (Alzati), che sta scappando (Run), e la quantità totale di acqua al giorno (GPD) che si desidera trasportare.

Le pompe sommerse solari alimentati possono essere progettati per sistemi più piccoli e possono essere alimentati da un minimo di 200 watt di solare fotovoltaico. Le pompe sommerse come Shurflo Aquatec SWP-9300 e 4000 sono progettati per essere direttamente alimentato da pannelli solari fotovoltaici da 100 a 200 watt rispettivamente. Questi e modelli di pompe sommerse Aquatec Shurflo in grado di fornire da 500 a 1.000 galloni al giorno (GPD) di elevazione acqua di 200 metri.

Sono meglio serviti pozzi profondi fino a 800 metri con pompe sommerse come la linea Grundfos e valutazione per una maggiore capacità di sollevamento, le portate d'acqua elevate, ed ha, in generale, richiedono servizio da 15 a 20 anni, con una corretta installazione. Grundfos fa SQFlex linea di pompe sommerse. Se si va in un pozzo pompare fino a 800 metri di profondità, e la necessità di grandi quantità di acqua, utilizzare un sommergibile Grundos pompa. Manutenzione, pompa di vita a lungo a salvare in manutenzione sul campo, tempo e fatica tirando la pompa.

Controllori pompe solari

Quasi tutte le pompe di acqua solari hanno bisogno di un cavo di controllo della pompa tra il pannello solare fotovoltaico e pompa sommersa. Driver di esempio la tensione e la corrente prodotta dall'energia pannello solare, e corrisponde con il carico effettivo della pompa. Ciò aumenta notevolmente l'efficienza. Il controllore è il "cervello" del sistema, che vanno da un semplice interruttore on / off, un sistema intelligente che controlla il funzionamento e gli avvisi di sovracorrente, o l'esecuzione di condizioni asciutte e la pompa si fermerà.

Sistemi grande pompa sommergibile solare, pompe sommerse Grundfos come SQFlex può essere alimentato direttamente da pannelli solari fotovoltaici o piccolo generatore eolico (48-300 VDC) attraverso il controller a destra. È anche possibile alimentare il vostro SQFlex pompe sommerse con inverter, generatore, batteria, rete elettrica, o qualsiasi combinazione di queste fonti di energia, come fonte di alimentazione di backup. La linea di pompe sommerse in grado di operare in SQFlex quasi ogni alimentazione DC 30-300 V e 90-240 VAC con corrente alternata. Questo pompe sommergibili richiedono un "driver" per gestire la potenza della pompa.

Utilizzando i pannelli solari fotovoltaici semplicemente SQFlex sommergibile può essere controllato con la scatola di controllo IO50. Questo controller ha una semplice manuale interruttore on / off che viene montato tra il pannello e fotovoltaico pompa sommergibile solare. Questo consente di disattivare l'alimentazione DC dal pannello fotovoltaico solare che raggiunge la pompa sommersa verrà installato durante l'ispezione o la manutenzione della pompa.

Per un maggiore controllo del sistema di pompaggio sommergibile con scatola di interfaccia CU200. Questo driver consente di comunicare con la pompa e monitorare i diversi aspetti del vostro sistema di pompaggio. Per aggiungere vento, batteria, generatore, di alimentazione AC o altre opzioni di alimentazione è necessario interfaccia CU200. Ci sono molti vantaggi a integrate per dare CU200 tra cui stato di funzionamento, il consumo energetico, diagnostica, e consente di collegare un interruttore di livello dell'acqua. L'interruttore di livello dell'acqua è passare un galleggiante a distanza la pompa quando il serbatoio è pieno. (Alcuni controller permettono di avere pompe multiple galleggiano switch per iniziare anche la pompa quando i livelli del serbatoio sono bassi).

Controllo della pompa ad acqua solare con un galleggiante è una grande scelta. L'interruttore di livello può essere installato nel serbatoio, e può essere posizionato oltre 1.600 metri dal controllore della pompa. Nota: (utilizzare un cavo 18 AWG due driver, se si fa galleggiare lo switch è in funzione lontano dal controller).

Se si sta collegando un generatore di standby per alimentare la pompa, pannelli fotovoltaici utilizzati anche per uso normale, è necessario il dialogo IO101 AC Interface. È possibile utilizzare un generatore come backup, oppure è possibile utilizzare la rete CA, se disponibile, come fonte di alimentazione di backup. Questo controllo scatola di interfaccia è limitata a 120 V ca in modo che solo gli ingressi corrente alternata monofase possono essere gestite. Diesel generazione di back-up di alimentazione o il gas sono di solito di dimensioni tra 1,5 e 3,5 kW per il funzionamento di queste pompe sommergibili SQFlex.

Pompe sommerse azionate da energia solare come una forte tensione. La tensione è la "pressione" elettrica prodotta da pannelli solari fotovoltaici. La tensione minima avete bisogno dal vostro generatore solare in modo che il voltaggio della pompa è definita, e di solito 12, 24, 48 o 96 VDC. La tensione minima di 48 V DC pompa più comune per pozzi profondi e di pompe di superficie è di 30 V DC carico, ma il cablaggio del 100 VDC è più efficiente per massimizzare la pompa.

I pannelli solari fotovoltaici possono essere collegati in serie a 600 VDC, ma sistemi di pompaggio, il lavoro di acqua solare migliore a circa 100 VDC, quindi, pannelli solari fotovoltaici collegati in serie a 96 VDC, ideale per pozzi profondi. I pannelli solari

fotovoltaici sono disponibili in diverse dimensioni e
potenze. Smaller 5 watt pannelli solari fotovoltaici -
80 watt di solito cablati come 12 moduli VDC. Per
alimentare una piccola pompa sommersa
utilizzando pannelli fotovoltaici più piccoli che
cablare i pannelli in "serie" per aumentare la
tensione. Due pannelli 12VDC collegati in serie
produce 24 VDC. Pannelli solari fotovoltaici a
quattro fili di serie 12 VDC 48 VDC. Questa è una
buona tensione di funzionamento per piccoli
impianti di pompaggio.

**Pompe di superficie per serbatoi, vasche, stagni,
laghi, torrenti e piccoli fiumi**

Fonti d'acqua superficiali quali stagni, ruscelli, laghi
e piccoli fiumi può essere pompato con fotovoltaico
solare bene, ma hanno esigenze diverse pompe
sommerse. Per il convogliamento delle fonti idriche
superficiali che utilizzeranno una pompa di
superficie. Pompe di superficie hanno molti tipi, ma
in ogni caso sono montati vicino alla sorgente
acqua, poco sopra l'acqua, e su una base solida.

Molti frutteti, giardini e campi, per esempio, sono
innaffiati da un serbatoio o una cisterna trovano
sopra il campo in modo che l'acqua può essere
gravità alimentata alle piante aprendo una valvola.
Pompare acqua da un vicino torrente, in esecuzione
al inferiore all'altezza del serbatoio, presenta un
tipico scenario di pompaggio di acqua. Una energia
solare pompa di superficie viene usato per spingere
l'acqua dal torrente al serbatoio sorgente. Esempi

dei diversi sistemi e scenari di pompaggio superficie solare sono inclusi nei capitoli seguenti.

Pompe di superficie in grado di spingere l'acqua e attraverso gasdotti a lunga distanza per riempire cisterne e serbatoi di stoccaggio e serbatoi pressurizzati per l'irrigazione e irrigazione del bestiame. Assicurarsi di posizionare la pompa con una superficie di 10-20 metri sopra la fonte di acqua, e più vicino, meglio è. Le pompe sono progettate per spingere, non tirare. Poiché la pressione atmosferica è di circa 15 psi pompa a vuoto può essere disegnato è limitata a questo valore a livello del mare. Pompe di superficie sono grandi per spingere l'acqua lunghe distanze in condotte e devono essere montate non più di 10 metri sopra la sorgente d'acqua.

Elementi necessari per il pompaggio di superficie comprende filtri in linea per rimuovere la polvere e proteggere la pompa, valvola di fondo per adescare la pompa, e una corsa di potenza-Dry per spegnere automaticamente la pompa se si asciuga. Filtri di linea sono di solito in 10" e 30" cartucce e poste in linea tra il tubo di aspirazione (sommersa) e la pompa.

Capitolo Due - Definizione di Passi miglior sistema di pompa ad acqua solare per uso

Ora abbiamo avuto una panoramica di pompaggio di acqua solare avrà un paio di esempi per illustrare le differenze. La lettura di questo book suggerisce di avere un progetto di pompaggio dell'acqua in mente. E 'l'acqua da un pozzo o una sorgente superficiale? Le seguenti operazioni definire le vostre esigenze di pompaggio e dà la base per la scelta del miglior hardware per il lavoro.

Fase uno: pompa sommergibile o di superficie?

Se l'acqua proviene da un pozzo di utilizzare una pompa sommersa. Se l'acqua è poco profonda in profondità, da un serbatoio, serbatoio, stagno, torrente, ruscello, lago o piccolo fiume, allora si avrà una pompa di superficie.

Fase due: "Rise" Qual è l'altezza ho bisogno di pompare la mia acqua,

Allora cerchiamo di scoprire "emergenza." Se si va alla pompa di un pozzo, poi l'aumento sarà la profondità della falda (la profondità dell'acqua nel pozzo), più un margine di errore, aggiungere profondità a 20 metri) o aggiungere più si sospetta che il livello dell'acqua scenderà durante la rimontaggi giornalieri.

Assicurarsi di aggiungere qualsiasi altezza supplementare sopra la superficie del pozzetto, come un serbatoio o cisterna. Potrai pompate dimensionamento sulla base della portanza totale desiderata.

Fase tre: "Run" Qual è la distanza orizzontale che ho bisogno, l'

La "Run" è la distanza totale orizzontale che si vuole spingere l'acqua a prescindere di alti e bassi nel paese. Per le pompe di superficie, pompa opzioni di lenti, più di venire più tardi sono in grado di spingere i chilometri d'acqua.

Se il pompaggio dell'acqua progetto ha un grande "Run" orizzontale, pompe di superficie specifici sono la scelta migliore.

Fase quattro: Quanta acqua devo pompare e consegnare al giorno?

Quanta acqua è necessario pompare dipende da quello che stai facendo. Stai irrigazione di un giardino o di un campo? Irrigazione giardinaggio, o una fonte di acqua per una casa, cottage, o il sito remoto? Nell'esempio di cui sopra è stato utilizzato per abbeveraggio del bestiame. Stima di ciascun capo di bestiame ha bisogno di 30 galloni al giorno (GPD) può essere stimato esigenze genealogici giornaliero moltiplicato per il numero di capi di bestiame.

Pompe per l'acqua sono di solito classificati in galloni al minuto (GPM). Poiché ci sono 60 minuti ogni ora, ogni ora di acqua sarà pompata 60 volte GPM. Se il GPM è di 10 litri al minuto, di un'ora ha dovuto consegnare 600 litri.

Di pannelli solari, tuttavia, forniscono energia durante il giorno, e stima il numero di "picco" equivalente dato luogo riceve dal sole.

I flussi non si ottiene il quadro complessivo dell'energia solare. E 'fondamentale per valutare le vostre esigenze e la dimensione totale giornaliero di pompa acqua solare basato sul totale galloni al giorno (GPD) che deve soddisfare la domanda di energia della pompa con la produzione di energia dei pannelli solare fotovoltaico.

Fase cinque: la quantità di energia solare devo sul mio sito?

Il sole è una potente fonte di energia. Chiedete a chi è colto al sole per un paio d'ore. In termini di potere reale, il sole è valutato in condizioni di prova standard (STC). La condizione STC definisce la densità massima potenza di energia solare alla superficie terrestre 1000 watt per metro quadrato (circa 10,5 metri quadrati). **Nota**: STC definisce anche la quantità di massa d'aria prende il percorso del sole (1,5 AMO), temperatura standard (77 gradi F) 25 ° C, una velocità del vento di 2 m / s definisce ulteriormente una condizione standard per test e fotovoltaici pannelli solari valutazione.

Per determinare la quantità di energia solare che ha la sua posizione rialzata dom ore di punta per la propria posizione su una mappa del sito. Nei nostri esempi qui stiamo usando un posto in Kansas, con 5,5 ore di punta solari. Cercare luoghi di grado solare nelle ore di punta.

Prodotti grezzi energia solare al top della condizione per un cielo chiaro, 1 chilowatt (1000) potenza ottica Watt. Moduli solari elettrici (pannelli fotovoltaici PV) convertono questa energia luminosa in corrente continua (DC) con buona efficienza consegnare circa 140 watt di elettricità per metro quadrato. I pannelli solari fotovoltaici sono "cablati" per produrre una tensione desiderata. Ogni Solar "Cell" produce circa mezzo volt DC per conto proprio. Sorprendentemente, anche quando le celle solari nuvoloso producono tensioni è buono. La quantità di energia solare aumenterà la quantità di celle solari "reali" producono. Più corrente.

Luce solare molto più diretto Le celle solari sono interconnessi per la produzione di moduli solari da utilizzare per il progetto di pompaggio solare. Un metro quadrato di luce solare è una potenza elettrica. La produzione di 140 watt, 12 VDC, un metro quadrato di energia solare fornisce più di 10 ampere di corrente. Si tratta di una quantità rispettabile di potenza e può pompare una quantità impressionante di acqua.

L'energia prodotta dal fotovoltaico sarà pannelli di energia solare Regime moltiplicata per le ore di sole di punta per la vostra posizione.

Una volta che conosci la salita, Esegui, e il volume di acqua al giorno richiesto per qualsiasi progetto di pompaggio di acqua solare perché si è ora in grado di dimensioni e la potenza di questo sistema con il sistema appropriato solare fotovoltaico.

Progettazione del sistema pompa acqua solare corrisponde al fabbisogno energetico della pompa con la produzione di energia dei pannelli solari. Nei capitoli seguenti passeremo in rassegna i diversi sistemi, pompaggio di acqua solare per determinate profondità e volumi di acqua.

Passo sei: selezionare i migliori solare fotovoltaico alimentato pompaggio idrico Sistema.

Dai seguenti capitoli, selezionare il miglior sistema di pompaggio solare per il vostro progetto. Abbinare la profondità del tuo bene, quindi selezionare la migliore illustrazione in base alla quantità totale di acqua che si desidera consegnare ogni giorno per quel sistema di profondità.

Una volta che sai queste statistiche vitali sul vostro progetto solare pompare il fornitore della pompa può imparare a configurare il sistema. L'altra opzione è quella di abbinare i sistemi presentati in questo book che soddisfano le vostre esigenze più acqua. Se non vedi un sistema abbastanza forte contenute in questo book, poi passare attraverso i passaggi precedenti e contattare un fornitore di pompa solare, o visitare il sito **Solardyne.com** per maggiori informazioni.

Capitolo tre: L'energia solare mediante impianti fotovoltaici (PV) Pannelli di alimentazione

Il sole è una potente fonte di energia ed è ideale per il pompaggio di acqua. I moduli solari producono corrente continua e sono adatti per luoghi all'aperto per la loro estrema durata e affidabilità nel settore. I pannelli solari fotovoltaici producono tensioni anche in bassi livelli di luce che ti dà una certa capacità di pompare anche nelle giornate nuvolose, con uscite massime sono prodotti ad alta sole.

L'energia prodotta dal pannello solare fotovoltaico sarà moltiplicato per la potenza nominale di picco ore di sole al giorno per il tuo sito.

Verificare che la posizione con **Solar Power Map** .

Tutte le tensioni sono "in discesa." Per accendere un carico di 12 V DC pannello solare fotovoltaico, che dovranno produrre più di 12 V tensione continua per azionare il carico, sia da una batteria o pannello solare. Per un gruppo di 12 V DC solare fotovoltaico per produrre una tensione maggiore è il produttore di cavi 36 singole celle solari in serie all'interno del modulo. Cablaggio le singole celle solari in serie "aggiunge" le sollecitazioni di produrre un nominale di 18 VDC. Sotto carico, quando la pompa è accesa, la tensione scenderà come fotovoltaico poteri di pannelli solari la pompa.

Piccolo fotovoltaici Pannelli solari 5 watt a 120 watt pannelli sono di solito 12 VDC. Per il sistema di tensioni filo più grandi pannelli in serie. Due in una serie di 24 VDC. Quattro di ogni serie di 48 VDC. grandi pannelli solari fotovoltaici, 140 watt - 280 watt sono collegati a 24 VDC ciascuno. Wire due pannelli fotovoltaici in serie per i sistemi 48VDC, pannelli fotovoltaici su quattro serie di 96 V DC - Tensione Ideale per pozzi profondi.

Nota: Il cablaggio dei pannelli solari fotovoltaici sulla serie matrici filo per aumentare la tensione (corrente rimane la stessa), cavo in parallelo per aumentare la corrente (tensione rimane la stessa).

Sistemi di pompaggio di acqua solare sono progettati per operare in un campo di tensione, in genere da 30 a 300 VDC. Salvo diversamente specificato, utilizzare almeno 48 V DC sistema.

L'eccezione a questo sarebbe quando un certo piccolo sistema di pompaggio solare fotovoltaico 12 o 24 abbinato ad una specifica VDC 12-24 VDC pompa utilizzata. La regola generale è più profondo profondità richiedono tensioni più elevate.

Montaggio suoi pannelli solari fotovoltaici - Opzioni

I pannelli solari possono essere montati in una varietà di modi. Queste opzioni includono Pole Position, soffitto Flora con montaggio, monitoraggio passivo, e l'assemblaggio follow attiva.

Supporti fissi tengono il pannello solare fotovoltaico per un angolo di inclinazione specifico è regolabile. Per aumentare la produzione di fotovoltaico solare può destagionalizzare questo angolo di massimizzare l'esposizione solare. Tutti i gruppi solari sono montati ad affrontare sud quando il sito è nell'emisfero settentrionale (Nota: North Point i pannelli se siete nell'emisfero meridionale).

Pannelli fotovoltaici per il pompaggio di acqua hanno bisogno di un supporto solido ed affidabile. Pannelli solari fotovoltaici possono essere montati su palo, sia come un tappo, o possono essere montati lato-Pole Top-of-the-poli. Accessori Side Mount palo ha una staffa sul fondo e pannelli solari fotovoltaici superiori. Pole di montaggio è una grande opzione perché mantiene i pannelli sul pavimento al minimo gli effetti al suolo, come l'aumento polvere. Inoltre, il cablaggio dei pannelli, una volta montato sulla staffa di montaggio montaggio è più facile fare come strisciare sotto pannelli solari fotovoltaici (J-Box si trovano sul retro del pannello) è la mano.

Pole montare pannelli solari fotovoltaici rende anche più semplice l'installazione. I pannelli solari fotovoltaici sono montati più piccoli nello standard 1.5" Set # 40 del tubo. Preparazione del sito coinvolge prevedere un buco, e la creazione del suo posto in cemento e inerti.

Grandi pannelli fotovoltaici solari, fino a 2000 watt a Top of Pole Position, sono montati su entrambi 2.5" Set # 40 pipe, 3.5" o 4.5" pipe per le matrici più grandi. Esempi qui sotto chiamerà il diametro specifico del gruppo del tubo.

Per la robustezza e basso costo, può anche montare vegetali pannelli solari. Impianto di assemblaggio è un rack A-Frame per regolare il suo angolo di inclinazione. Ideale per assemblea generale di pannelli solari fotovoltaici, tenendo angolo è l'angolo di latitudine, 15 gradi e sottrarre. Quindi, se la vostra posizione ha una latitudine di 45 gradi, l'angolo di inclinazione è di 30 gradi misurati rispetto all'orizzontale.

Nota: Se il vostro sito è in una località tropicale, o in un luogo molto soleggiato, migliore angolo è qualsiasi angolazione. Equitazione pannelli piani. In questo modo ottenere il massimo irraggiamento solare "globale", che è sia i raggi diretti e indiretti.

È inoltre possibile montare il generatore solare sul vostro tetto, se il tetto è vicino al suo luogo pure. Nella maggior parte dei casi questo non è, quindi mi citarne solo questa opzione.

La produzione di energia solare è aumentata se siete sempre di puntare il pannello solare fotovoltaico verso il sole. Monitoraggio hardware rende questa sia in un asse - Mattina attraverso notte, o due assi (altezza e azimut), che è più preciso.

Trackers sono classificate in due tipi: attivi e passivi, rispettivamente. Monitoraggio passivo come l'ingranaggio Zomeworks ha grande forza, e l'uscita dei pannelli solari fotovoltaici aumenti di energia di circa 25% in media. Trackers usano tipo passivo riscaldamento uniforme di pannelli di gas a regolazione automatica interne lungo la giornata.

Pompaggio dell'acqua Solar piace luce solare diretta. Seguendo il percorso del sole, pannelli solari fotovoltaici aumentano la produzione di energia - produzione di energia nel tempo. La quantità di acqua pompata con pannelli solari fotovoltaici è una funzione diretta di energia. Più energia prodotta dal generatore fotovoltaico solare, più acqua viene pompata.

Monitoraggio attivo utilizzando attivi Wattsun Trackers aumenta la produzione di pannelli solari fotovoltaici del 35%. L'uso di servomotori, e un sensore solare, alimentato da un generatore solare, separatamente, gli inseguitori Wattsun estrarre la massima potenza dal campo fotovoltaico solare. C'è un costo maggiore per l'hardware, ma aumenta notevolmente le prestazioni del sistema. Se il sito è molto remota, mi sento di raccomandare senza parti in movimento, e meglio polo andare con il montaggio di manutenzione potenziale. Se si ha facile accesso al tuo sito, o siete in un ingombro molto ridotto, asset tracking è una grande opzione per aumentare le prestazioni.

Nei sistemi di campionamento qui di seguito useremo due pannelli di solare fotovoltaico come esempi. Per i piccoli pannelli solari fotovoltaici con una capacità di 12 V DC ciascuno, i pannelli Dasol 30, 60, 90 e 135 watt di potenza sono citati. Per i pannelli solari fotovoltaici più grandi potranno utilizzare la riga di REC utilizzando il modulo a 250 popolare e ampiamente disponibili watt nominali (panel) 24 V DC ciascuno.

Gli impianti solari sono elencati di seguito uso questi pannelli solari, o una combinazione di pannelli solari per aumentare la tensione e / o corrente pompato più acqua.

Capitolo Quattro: Shallow Water Pump Bene con l'energia solare da 20 a 200 profondità del piede

In questo capitolo vedremo la fornitura di energia solare e sistemi di pompaggio pozzi poco profondi fino a 200 metri di profondità. Sistemi di pompaggio (quelli con elevazione inferiore a 200 piedi), come in questo esempio, è possibile utilizzare il Shurflo 9300 pompa sommergibile più piccolo e.

Le pompe Shurflo sono eccellenti per queste acque poco profonde (fino a 230 ') e sono ideali per 12 e 24 VDC sistemi.

E 'molto facile costruire un sistema di energia solare fotovoltaica per alimentare 12 VDC o 24 VDC sistemi.

Pannelli solari fotovoltaici da 100 a 200 watt sono l'ideale in questa gamma e producono da 1,95 GPM a una profondità di 20 metri, a 1,52 GPM per profondità fino a 230 piedi. Il 9300 utilizza SHUFlo "pompe volumetriche" e hanno un alto rendimento in campo. Il Shurflo è una buona scelta per i vostri pozzi poco profondi, ma perché è una sorta di "positivo" spostamento diaframmi pompa deve essere sostituito ogni 2-4 anni, a seconda della quantità di utilizzo.

Per cambiare l'apertura, è necessario disattivare la pompa (nel driver) per disattivare l'elettricità solare fotovoltaica alla pompa. Poi bisogna tirare la pompa, che è quello di prendere, con la linea di caduta che ha tenuto insieme. Potrebbe essere necessario sostituire le spazzole, valvole a membrana ogni due anni o più, ma si ottiene una grande prestazione della pompa.

Nota: Controllare il connettore tra il cavo e la pompa come a volte si corrode in ambienti ostili.

Il Shurflo 9300 è una pompa sommersa, e con il solare fotovoltaico giusto può sollevare 1,3 GPM a 230 metri di profondità, e quasi 2 gpm da pozzi molto superficiale.

Piccoli pannelli solari fotovoltaici per pompare l'acqua da 12 a 24 VDC

Come esempio useremo pannelli fotovoltaici Dasol per 12 e 24 sistemi di pompaggio VDC. Pannelli fotovoltaici REC Solar saranno utilizzati per i sistemi di pompaggio di grandi dimensioni tramite 250 watt di pannelli solari fotovoltaici nelle figure seguenti. Pannelli Dasol e REC Solar PV sono fatti di celle solari monocristalline che producono i maggiori efficienze solari, con una forte tensione e corrente di uscita su una vasta gamma di condizioni solari.

Per alimentare la pompa Shurflo 9300 dovrà scegliere il driver corretto. Ci sono due opzioni: il regolatore 902-100 e 902-200 modelli, rispettivamente. Ciascuno dei sistemi sottostanti sono stati selezionati come suggerimenti.

Il controller 902-110 è il driver di base, e non è impermeabile in modo da essere sicuri di montare sotto copertura dalle intemperie. I controllori proteggono la pompa da una condizione di sovraccarico di corrente ed una bassa tensione ruotando la pompa per proteggere il circuito. Il 902-100 è ideale per 24 generatori fotovoltaici solari VDC.

La serie del controller 902 dispone di un interruttore selezionabile a 12 VDC o 24 VDC sistemi. Questo controller include un selettore manuale / off e di tre ingressi sensore per l'acqua alta / bassa e il cavo del sensore. I sensori possono appendere al bene e rilevare una condizione di bassa acqua per evitare che la pompa lavori a secco, che può danneggiare la pompa.

Il seguente è un elenco di sistemi di pompaggio dell'acqua con energia solare con un elenco delle parti. Si prega di eseguire la scansione del profondità di bene e di galloni al giorno fino a trovare un sistema che descrive attentamente le vostre esigenze di pompaggio dell'acqua.

Esempio A:

Beh profondità di 20 metri - 1.95 gpm di approvvigionamento idrico:

Parti:

Due (2) pannelli solari fotovoltaici nominale di 30 V CC e 12 watt ciascuno. 60 watt gamma completa. Esempio di pannello fotovoltaico: Dasol DS-A18-30, formato di ogni: 27.2" x 13.8" x 1" Top-of-Pole hardware di montaggio per due pannelli 30 watt (collegati in serie per 24 VDC) Monti 1.5" Programma # 40 pipe. Un Shurflo 9300 Pompa sommersa. Shurflo 902-200 Controller (valvola a galleggiante, sensori di livello dell'acqua, opzionale). Goccia cavo cavo (# 10-2C), e materiali di fondazione site-specific

Nota: Per il calcolo della produzione di acqua al giorno moltiplicando GPM x 60 x picco per il tuo sito. Esempio: (1,95 x 60 x 5,5) a Kansas 5,5 ore di sole di punta incluso quel sito. Questo avviene ad una media di 643 litri al giorno. Usa la tua nominale di picco ora per il tuo sito per calcolare la quantità di acqua che questo sistema produrrà nella vostra posizione.

Esempio B:

Beh profondità di 20 metri - Fornitura di acqua di 24 litri al minuto:

Parti:

Due (2) pannelli solari fotovoltaici nominale di 250W DC 24 V ciascuno, totale 500 watt. Esempio Fotovoltaico: PV Solar REC 250PE, ogni formato: 65.5" x 39" x 1.5" Programmazione Top-of-Pole Hardware di montaggio per due da 250 watt (pannelli collegati in serie per 48 VDC) Monti a 2.5" # 40 tubo. Un (1) Modello 40 pompa sommersa Grundfos SQF-3 con 4" di diametro nominale di 24 GPM.

One (1) Grundfos Modello controller: CU200 um (Float passare opzionali, comunicazioni) Goccia cavo, cavo di alimentazione, e il luogo specifico materiali di fondazione.

Giornale di acqua pompata è GPM x 60 x picco per il sito (5,5 ore di punta a Kansas come esempio). Sistema produce 7.920 litri al giorno in media.

Esempio C:

Beh profondità di 50 piedi - approvvigionamento idrico di 27 litri al minuto:

Parti:

Quattro (4) pannelli solari fotovoltaici nominale di 250W DC 24 V ciascuna, totale 1.000 watt. Esempio di pannello solare fotovoltaico: Solare fotovoltaico REC 250PE, dimensioni ogni 65.5" x 39" x 1.5" Top-of-Pole hardware di montaggio per quattro pannelli da 250 watt (collegati in serie per 96 VDC) Monti a 3.5" Set tubo # 40. Un (1) Modello 40 pompa sommersa Grundfos SQF-5 con 4" di diametro nominale di 27 GPM. One (1) Grundfos Modello controller: CU200 um (Float passare opzionali, comunicazioni) Goccia cavo, cavo di alimentazione, e il luogo specifico materiali di fondazione.

Giornale di acqua pompata è GPM x 60 x picco per il sito (5,5 ore di punta a Kansas come esempio). Sistema produce 8.910 litri al giorno in media.

Esempio D:

Beh profondità di 60 metri - Acqua consegnare 1,75 galloni al minuto:

Parti:

Due (2) nominale pannelli solari fotovoltaici 60 watt ciascuna per un totale di 12 V CC a 120 watt ciascuno. Esempio di pannello fotovoltaico: Dasol DS-A18-60, formato di ogni: 27.2" x 26.2" x 1.38" Top-of-Pole hardware di montaggio per due pannelli di 60 watt (collegati in serie per 24 VDC) Monti 1.5" Programma # 40 tubo. Un (1) Shurflo 9300 pompa sommergibile nominale di 1,75 GPM. Un (1) Regolatore Shurflo 902-200 (float-switch tre sensori acqua opzionali). Goccia cavo, cavo di alimentazione (# 10-2C), e materiali di fondazione.

Totale di acqua erogata alla nostra posizione ad esempio (Kansas) con grado Pico Solar ore 5.5 di punta. Acqua al giorno totale è stimato GPM x 60 x ore di punta rating equivalente a 577 litri al giorno.

Esempio E:

Beh profondità di 75 piedi - approvvigionamento idrico 8 litri al minuto:

Parti:

Due (2) pannelli solari fotovoltaici nominale di 250W DC 24 V ciascuno, totale 500 watt. Esempio Fotovoltaico: PV Solar REC 250PE, dimensioni ogni 65.5" x 39" x 1.5" One (1) Top-of-Pole hardware di montaggio per due pannelli da 250 watt (collegati in serie per 48 VDC) Monti in 2.5" Set # 40 tubo. Un (1) Modello pompa sommersa Grundfos SQF-11-2 con 3" di diametro nominale di 8 GPM. One (1) Grundfos Modello controller: CU200 um (Float passare opzionali, comunicazioni) materiali specifici scendono cavi, cavo sito di alimentazione e fondazioni

Giornale di acqua pompata 2.640 galloni al giorno è stimato.

Esempio F:

Profondità di oltre 100 metri - Consegna di acqua 1.61 galloni al minuto:

Parti:

Due (2) pannelli fotovoltaici solari nominale a 90 watt ciascuno per un totale di 180 watt a 12 VDC ciascuno. Esempio di pannello fotovoltaico: Dasol DS-A18-90, le dimensioni di ogni 39" x 26.2" x 1.38" Top-of-Pole hardware di montaggio per due pannelli da 90 watt (FV collegati in serie per 24 VDC) è montato su 1.5" Set tubo # 40. Un (1) Shurflo 9300 pompa sommergibile. Un (1) 902-200 SHURFLO Controller (sensori opzionali acqua disponibile e valvola galleggiante). Goccia materiali del cavo, cavo di alimentazione (# 10-2C), e fondazione

Produzione giornaliera stimata di 531 litri di acqua al giorno.

Esempio G:

Bene profondità di 100 metri - approvvigionamento idrico 6.4 galloni al minuto

Parti:

Due (2) pannelli solari fotovoltaici nominale di 250W DC 24 V ciascuno, totale 500 watt. Pannello Esempio: REC Solar PV Modello: 250PE, ogni formato: 65.5" x 39" x 1.5" Top-of-Pole Hardware di montaggio per due da 250 watt (pannelli collegati in serie per 48 VDC) Monti a 2.5" Programma # 40 tubo. Un (1) Modello pompa sommersa Grundfos SQF-11-2 con 3" di diametro nominale di 6,4 GPM One (1) Grundfos Modello controller: CU200 um (Float passare opzionali, comunicazioni) Goccia cavo cavo e materiali di fondazione luogo specifico.

Giornale di acqua pompata è GPM x 60 x picco per il sito (5,5 ore di punta a Kansas come esempio). Ascensori e sistema di pompe si stima che 2.112 galloni al giorno.

Esempio H:

Profondità di oltre 100 metri - Fornitura di acqua di 12 litri al minuto

Parti:

Quattro (4) pannelli solari fotovoltaici nominale di 250W DC 24 V ciascuna, totale 1.000 watt. Pannello Esempio: REC Solar PV Modello: 250PE, ogni formato: 65.5" x 39" x 1.5" Top-of-Pole hardware di montaggio per quattro pannelli da 250 watt (collegati in serie per 96 VDC) Monti a 2.5" Programma # 40 tubo. Un (1) Modello pompa sommersa Grundfos SQF-11-2 con 3" di diametro nominale di 12 GPM. One (1) Grundfos Modello controller: CU200 um (Float passare opzionali, comunicazioni) Goccia cavo, cavo di alimentazione, e il luogo specifico materiali di fondazione.

Giornale di acqua pompata è GPM x 60 x picco per il sito (5,5 ore di punta a Kansas come esempio). Ascensori e sistema di pompe si stima che 3.960 galloni al giorno.

Esempio I:

Bene profondità di 100 piedi - Fornitura di acqua 19 litri al minuto

Parti:

Sei (6) pannelli solare fotovoltaico nominale di 250 V CC e 24 watt ciascuno, totale 1.500 watt Esempio di pannello solare: REC Solar PV Modello: 250PE, dimensioni ogni 65.5" x 39" x 1.5" Top-of-Pole Viteria sei pannelli da 250 watt (collegate in serie a 144 VDC) Monti a 3.5" Set tubo # 40. Un (1) Modello 25 pompa sommersa Grundfos SQF-7 con 3" diametro nominale di 19 GPM. One (1) Grundfos Modello controller: CU200 um (Float passare opzionali, comunicazioni) Goccia cavo, cavo di alimentazione, e il luogo specifico materiali di fondazione.

Giornale di acqua pompata è GPM x 60 x picco per il sito (5,5 ore di punta a Kansas come esempio).

Ascensori e sistema di pompe si stima che 6.270 galloni al giorno.

Esempio J:

Beh profondità di 200 metri - Approvvigionamento idrico di 1.52 galloni al minuto

Parti:

Due (2) pannelli fotovoltaici solari valutato a 135 watt ciascuno per un totale di 270 watt a 12 VDC ciascuno. Pannello Esempio: Dasol DS-A18-135, ciascuno Dimensioni: 56.7" x 26.2" x 1.38" Peso: 24 £- Top pole hardware di montaggio per due pannelli 135 watt (FV collegati in serie per 24 VDC) è montata 1.5" Programma # 40 pipe. Un (1) Shurflo 9300 pompa sommergibile. Un (1) 902-200 SHURFLO Controller (valvola a galleggiante Opzionale e sensori di acqua). Goccia cavo, cavo di alimentazione (# 10-2C), e materiali di fondazione.

L'acqua pompata attraverso Kansas giorno con 5.5 di picco (riprese sostitutivi valutazione nelle ore di punta) è uguale x 60 x picco GPM. Il totale pompato a 500 litri al giorno.

Esempio K:

Bene profondità di 200 metri - approvvigionamento idrico 3,8 litri al minuto

Parti:

Quattro (4) pannelli solari fotovoltaici nominale di 250W DC 24 V ciascuna, totale 1.000 watt. Esempio: REC Solar PV pannelli solari Modello:. 250PE, dimensioni ogni 65.5 "x 39" x 1.5" Top-of-Pole hardware di montaggio per quattro pannelli da 250 watt (collegati in serie per 96 VDC) Monti a 2.5" Set tubo # 40. Un (1) Grundfos pompa sommergibile Modello 6 SQF-2-3 "diametro nominale di 3,8 GPM

Grundfos regolatore Modello: 200 um (interruttore a galleggiante opzionale, comunicazioni). Cavo di alimentazione, e materiali di fondazione site-specific di goccia.

Giornale di acqua pompata è GPM x 60 x picco per il sito (5,5 ore di punta a Kansas come esempio). Ascensori e sistema di pompe si stima che 1.254 galloni al giorno.

Esempio L:

Bene profondità di 200 metri - approvvigionamento idrico di 7,6 litri al minuto

Parti:

Quattro (4) pannelli solari fotovoltaici nominale di 250W DC 24 V ciascuna, totale 1.000 watt. Esempio Fotovoltaico: REC Solar PV Modello: 250PE, dimensioni ogni 65.5" x 39" x 1.5" Top-of-Pole hardware di montaggio per quattro pannelli da 250 watt (collegati in serie per 96 VDC) Monti a 2.5" Set #

40 pipe. One (1) Grundfos pompa sommergibile modello SQF-11-2 con 3" di diametro nominale di 7,6 GPM. One (1) Grundfos Modello controller: CU200 um (Float passare opzionali, comunicazioni). Cavo di alimentazione, e materiali di fondazione site-specific di goccia.

Giornale di acqua pompata è GPM x 60 x picco per il sito (5,5 ore di punta a Kansas come esempio). Ascensori e sistema di pompe di circa 2500 litri al giorno.

Esempio M:

Bene profondità di 200 piedi - Fornitura di acqua 12 litri al minuto

Parti:

Sei (6) pannelli solare fotovoltaico nominale di 250 V CC e 24 watt ciascuno, totale 1.500 watt. Esempio Pannello solare fotovoltaico: REC Solar PV Modello: 250PE, dimensioni ogni 65.5" x 39" x 1,5" Top-of-Pole Viteria sei pannelli da 250 watt (collegate in serie a 144 VDC) Monti in 3.5" Set # 40 tubo. Un (1) Modello pompa sommersa Grundfos SQF-11-2 con 3" di diametro nominale di 12 GPM

Grundfos regolatore Modello: 200 um (interruttore a galleggiante opzionale, comunicazioni). Cavo di alimentazione, e materiali di fondazione site-specific di goccia.

Giornale di acqua pompata è GPM x 60 x picco per il sito (5,5 ore di punta a Kansas come esempio). Ascensori e sistema di pompe si stima che 3.960 galloni al giorno.

Capitolo Cinque - pozzi di pompaggio solari a 400 metri di profondità

In questo capitolo vedremo i sistemi di pompaggio dell'acqua alimentati da fotovoltaico pozzi profondi solari per una profondità di 400 metri. Come più e più profondo di quello che abbiamo per aumentare la tensione e la corrente prodotta dal campo fotovoltaico solare. Pozzi più profondi di 200 metri richiedono acqua più di 48 VDC pannelli solari, e sono più collegati a 96 VDC. I pannelli solari fotovoltaici sono generalmente valutato a 600 VDC in modo che i pannelli sono ben progettati e sono molto buone per il pompaggio di acqua di queste tensioni.

Esempio N:

Bene profondità di 400 piedi - approvvigionamento idrico 1,8 litri al minuto

Parti:

Due (2) pannelli solari fotovoltaici nominale di 250W DC 24 V ciascuno, totale 500 watt. Pannelli fotovoltaici Esempio: REC Solar PV Modello: 250PE, dimensioni ogni 65.5" x 39" x 1.5" Top-of-Pole Hardware di montaggio per due da 250 watt (pannelli collegati in serie per 48 VDC) Monti a 2.5" Set tubo # 40. Un (1) Grundfos pompa sommergibile Model 3 SQF-3-3" diametro nominale di 1,8 GPM. One (1) Grundfos Modello controller: CU200 um (Float passare opzionali, comunicazioni) Goccia cavo cavo e materiali di fondazione luogo specifico.

Giornale di acqua pompata è GPM x 60 x picco per il sito (5,5 ore di punta a Kansas come esempio). Ascensori e sistema di pompe si stima che 594 galloni al giorno.

Esempio O:

Bene profondità di 400 piedi - approvvigionamento idrico 4,8 litri al minuto

Parti:

Quattro (4) pannelli solari fotovoltaici nominale di 250W DC 24 V ciascuna, totale 1.000 watt. Pannelli Esempio: REC Solar PV Modello: 250PE, ogni formato: 65.5" x 39" x 1.5" Top-of-Pole hardware di montaggio per quattro pannelli da 250 watt (collegati in serie per 96 VDC) è montato su 3.5" Programma # 40 tubo. Un (1) Grundfos pompa sommergibile Modello 6-SQF-3 con 3" diametro nominale di 4,8 GPM. One (1) Grundfos Modello controller: CU200 um (Float passare opzionali, comunicazioni) Goccia cavo cavo e materiali di fondazione luogo specifico.

Giornale di acqua pompata è GPM x 60 x picco per il sito (5,5 ore di punta a Kansas come esempio). Ascensori e sistema di pompe si stima che 1.584 galloni al giorno.

Esempio P:

Bene profondità di 400 piedi - approvvigionamento idrico 5.7 galloni al minuto

Parti:

Sei (6) pannelli solare fotovoltaico nominale di 250 V CC e 24 watt ciascuno, totale 1.500 watt. Pannelli Esempio: REC Solar PV Modello: 250PE, ogni formato: 65.5" x 39" x 1.5" Programmazione sei pannelli da 250 watt (collegate in serie a 144 VDC) Monti a 3.5"Top-of-Pole Hardware di montaggio #

40 tubo. Un (1) Grundfos pompa sommergibile Modello 6-SQF-3 con 3" diametro nominale di 5,7 GPM. One (1) Grundfos Modello controller: CU200 um (Float passare opzionali, comunicazioni) Goccia cavo cavo e materiali di fondazione luogo specifico.

Giornale di acqua pompata è GPM x 60 x picco per il sito (5,5 ore di punta a Kansas come esempio). Ascensori e sistema di pompe si stima che 1.881 galloni al giorno.

Capitolo Sei - sistemi di pompaggio solari per pozzi d'acqua ad una profondità di 650 piedi

Qui di seguito sono diversi sistemi di pompaggio dell'acqua alimentati da energia solare per pozzi profondi fino a 650 metri di profondità sono elencati. Come pompato profondità più profonde possono essere necessarie per unire i cavi lunghezza cavi più corti. Dopo aver stimato la lunghezza totale del cavo necessario per il vostro comfort, (Aggiungere 20 metri di margine), cercare di acquistare la lunghezza del cavo su una bobina.

Tuttavia, lo stub volte è necessario che le bobine possono essere limitate a 100 o 250 metri di lunghezza, rispettivamente, a seconda di provider (ci bobine 500 ft). Kit Splice sono disponibili presso

il costruttore delle pompe o provider via cavo locale,
e sarà necessario se la profondità è maggiore
rispetto alla pompa una sola lunghezza del cavo
sulla bobina (solitamente 2C con filo di terra).
Giunti se correttamente installati sono robusti,
fanno avvolgendo una pistola termica prima di
utilizzare.

Esempio Q:

Profondità ft ben 650 - Fornitura di acqua 0.9 litri al
minuto

Parti:

Due (2) pannelli solari fotovoltaici nominale di 250W
DC 24 V ciascuno, totale 500 watt. Pannello
Esempio: REC Solar PV Modello: 250PE, ogni
formato: 65.5 "x 39" x 1.5" Top-of-Pole Hardware di
montaggio per due da 250 watt (pannelli collegati
in serie per 48 VDC) Monti a 2.5" Programma # 40
tubo. Un (1) Grundfos pompa sommergibile Model
3 SQF-3-3" diametro nominale di 0,9 GPM. One (1)
Grundfos Modello controller: CU200 um (optional
interruttori a galleggiante, comunicazioni) Caduta di
cavo cavo e materiali di fondazione luogo specifico.

Giornale di acqua pompata è GPM x 60 x picco per il
sito (5,5 ore di punta a Kansas come esempio).
Ascensori e sistema di pompe si stima che 297
galloni al giorno.

Esempio R:

Profondità di ben 650 metri - Fornitura di acqua 2,5 litri al minuto

Parti:

Quattro (4) pannelli solari fotovoltaici nominale di 250W DC 24 V ciascuna, totale 1.000 watt.

Pannelli Esempio: REC Solar PV Modello: 250PE, ogni formato: 65.5" x 39" x 1.5" Top-of-Pole hardware di montaggio per quattro pannelli da 250 watt (collegati in serie per 96 VDC) è montato su 3.5" Programma # 40 tubo.

Un (1) Grundfos pompa sommergibile Model 3 SQF-3-3" diametro nominale di 2,5 GPM.

One (1) Grundfos Modello controller: CU200 um (Float passare opzionali, comunicazioni) Goccia cavo cavo e materiali di fondazione luogo specifico.

Giornale di acqua pompata è GPM x 60 x picco per il sito (5,5 ore di punta a Kansas come esempio). Lift solare Pompe sistema di pompaggio e circa 825 litri al giorno.

Esempio S:

Profondità ft ben 650 - Fornitura di acqua 4.1 litri al minuto

Parti:

Sei (6) pannelli solare fotovoltaico nominale di 250 V CC e 24 watt ciascuno, totale 1.500 watt. Pannelli Esempio: REC Solar PV Modello: 250PE, ogni formato: 65.5" x 39" x 1.5" Programmazione sei pannelli da 250 watt (collegate in serie a 144 VDC) Monti a 3.5″ Top-of-Pole Hardware di montaggio" # 40 tubo. Un (1) Grundfos pompa sommergibile Modello 6-SQF-3 con 3" diametro nominale di 4,1 GPM.

One (1) Grundfos Modello controller: CU200 um (Float passare opzionali, comunicazioni) Goccia cavo cavo e materiali di fondazione luogo specifico.

Giornale di acqua pompata è GPM x 60 x picco per il sito (5,5 ore di punta a Kansas come esempio). Ascensori e sistema di pompe si stima che 1.353 galloni al giorno.

Capitolo Sette - sistemi di pompaggio solari per pozzi a 800 metri di profondità

Sistemi di pompaggio solari per una profondità di 800 piedi richiedono tensioni. I pannelli solari fotovoltaici sono collegati in serie a "Add" tensione. Per produrre "AMP" filo pannelli solari attuali più (o sub-string) in parallelo. I sistemi solari fotovoltaici sono configurati per abbassare ascensore pompaggio e pompa acqua contenuta in galloni al giorno di acqua erogata. Pompe sommergibili Grundfos sono durevoli nel campo (custodia in acciaio inossidabile), e installati correttamente possono operare 12 a 15 anni con una manutenzione minima.

Se si pompa ad un serbatoio o cisterna vicino a lei Beh, assicurarsi di aggiungere la distanza verticale che ha ancora una volta per pompare l'acqua ha raggiunto la cima del suo diritto alla sua portanza totale richiesto.

Esempio T:

Profondità di ben 800 metri - Fornitura di acqua 1,6 litri al minuto

Parti:

Cinque (5) pannelli solari fotovoltaici nominale di 250W DC 24 V ciascuna, totale 1.250 watt. Esempio solare: REC Solar PV Modello: 250PE, ogni formato: 65.5 "x 39" x 1.5" Top-of-Pole hardware di montaggio per cinque pannelli da 250 watt (collegate in serie a 120 VDC) Monti a 2.5" Programmazione # 40 tubo. Un (1) Grundfos pompa sommergibile Modello 6-SQF-3 con 3" diametro nominale di 1,6 GPM. One (1) Grundfos Modello controller: CU200 um (Float passare opzionali, comunicazioni) Goccia cavo cavo e materiali di fondazione luogo specifico.

Giornale di acqua pompata è GPM x 60 x picco per il sito (5,5 ore di punta a Kansas come esempio). Sistema di alimentazione solare ascensori e pompe si stima che 528 galloni al giorno.

Esempio U:

Profondità di ben 800 metri - Fornitura di acqua 2,5 litri al minuto

Parti:

Quattro (4) pannelli solari fotovoltaici nominale di 250W DC 24 V ciascuna, totale 1.000 watt. Esempio: REC Solar PV pannelli solari Modello: 250PE, dimensioni ogni 65.5" x 39" x 1.5" Top-of-Pole hardware di montaggio per quattro pannelli da 250 watt (collegati in serie per 96 VDC) Monti a 3.5" Set tubo # 40. Un (1) Grundfos pompa sommergibile Modello 6-SQF-3 con 3" diametro nominale di 2,5 GPM. One (1) Grundfos Modello controller: CU200 um (Float passare opzionali, comunicazioni) Goccia cavo cavo e materiali di fondazione luogo specifico.

Giornale di acqua pompata è GPM x 60 x picco per il sito (5,5 ore di punta a Kansas come esempio). Lift solare Pompe sistema di pompaggio e circa 825 litri al giorno.

Esempio V:

Bene profondità di 800 piedi - approvvigionamento idrico 3.4 galloni al minuto

Parti:

Sei (6) pannelli solare fotovoltaico nominale di 250 V CC e 24 watt ciascuno, totale 1.500 watt. Esempio: REC Solar PV pannelli solari Modello: 250PE, ogni formato: 65.5 "x 39" x 1.5" Top-of-Pole montaggio Hardware sei pannelli da 250 watt (collegate in serie a 144 VDC) Monti a 3.5" Programma # 40 tubo. Un

(1) Grundfos pompa sommergibile Modello 6-SQF-3 con 3" diametro nominale di 3,4 GPM. One (1) Grundfos Modello controller: CU200 um (Float passare opzionali, comunicazioni) Goccia cavo cavo e materiali di fondazione luogo specifico.

Giornale di acqua pompata è GPM x 60 x picco per il sito (5,5 picco sole Kansas come esempio). Ascensori il sistema solare e le pompe si stima che 1.122 galloni al giorno.

Se siete alla ricerca di un impianto fotovoltaico di pompaggio di acqua solare su questa capacità, e cercare un sistema più grande, si prega di visitare **Solardyne.com** per ulteriori informazioni riguardanti i sistemi di maggiori dimensioni.

Capitolo Otto - Acqua solare di pompaggio un ruscello poco profondo, torrente, lago, stagno, fiume, serbatoio o cisterna

Nei capitoli precedenti abbiamo guardiamo pompa sommersa per le pompe acqua di pozzo. Consideriamo ora una superficie di pompaggio fonte d'acqua naturale, come un torrente, lago, fiume o stagno e serbatoi e cisterne di pompaggio.

La qualità dell'acqua è un problema con le fonti superficiali e le componenti di base per fotovoltaico sistema di pompaggio solare di solito comportano un filtro in linea, tubo in-take (l'unico sommerso nell'acqua di sorgente), la pompa stessa, il controller per gestire il sistema, e fotovoltaico alimentazione di energia solare.

A differenza dei siti tipici per immersione Wells, che sono spesso all'aperto e offrono un buon accesso solare per pannelli solari fotovoltaici, affiorano le fonti d'acqua sono spesso sotto la copertura di alberi o arbusti. Se la pompa è in ombra, può essere necessario posizionare distanza pompa fotovoltaica (più vicino a pompare meglio evitare la caduta di tensione su lunghe distanze di cavo) pannelli solari. Pompe di superficie, del tipo usato per le fonti d'acqua poco profonde, non sono sommersi, e devono essere situato vicino alla fonte d'acqua. Pompe di superficie sono mantenute dal suolo con la sola aspirazione tubo sommerso sott'acqua. Pompe di superficie richiedono una base solida, e di solito giustificano una piccola piattaforma di cemento come fondazione.

Pompaggio di acqua di superficie è un bisogno comune. Molti allevamenti, frutteti, orti e piccoli giardini utilizzano un "Gravity Flux System" per l'irrigazione. Proprietari di case cabine remoti e anche utilizzare questo metodo per avere un serbatoio o una cisterna da riempire con l'acqua da qualsiasi fonte. Una volta pieno, l'agricoltore apre una valvola in prossimità del fondo del serbatoio per rilasciare l'acqua al loro campo. Per i proprietari di casa a distanza, serbatoio è collocata ad almeno 40 piedi (70 metri) sopra il piano casa per fornire una pressione adeguata. La domanda qui è la fonte di acqua per riempire il serbatoio. E la potenza necessaria per azionare il sistema fotovoltaico e fornire loro acqua.

Pompaggio di acqua solare è spesso utilizzato per riempire i serbatoi e le cisterne di una fonte di acqua come un ruscello, stagno, e da altre fonti sotto la nave e una certa distanza dalla casa. I seguenti sistemi di pompaggio superficiali e la loro rispettiva superficie di fonti di energia solare sono progettati per queste situazioni. Pompaggio di acqua di superficie di solito richiede una fase di filtro. Selezionare un filtro di permeabilità 10 Micron per una maggiore durata della pompa. Spesso richiedono superficie pompe pompa deve essere adescata prima del pompaggio. Se necessario, la maggior parte dei produttori offrono una valvola di fondo pompa che permette di portare l'acqua dalla sorgente alla pompa per iniziare. Valvola di fondo innesca la pompa per iniziare.

Pompaggio dell'acqua solare lento e efficiente

Le pompe di Slow sfruttano molto bassa potenza necessaria per pompare migliaia di litri al giorno. Per raggiungere questo obiettivo ad alta efficienza pompe terreno lento a molto elevate tolleranze e quindi non può tollerare sabbia acqua. Utilizzare filtri in linea per rimuovere le particelle fini e torbidità per proteggere la pompa per una lunga durata. Filtri di linea sono classificati per le particelle fini che possono essere filtrati per rallentare pompe utilizza 10 filtri micron.

L'acqua si muove attraverso una resistenza incontri tubi. Pompaggio di acqua troppo veloce, troppo grande una percentuale per un determinato diametro del tubo aumenta la resistenza non solo rallentando la sua fornitura d'acqua, ma mette pressione supplementare sulla parte posteriore della pompa. Pompaggio di acqua con una pompa lento con 0,5" o 0,75" derivazioni femmina è progettato per spostare la giusta quantità di acqua per una determinata altitudine, il flusso e la fornitura di energia solare.

Sistemi di pompaggio lento di energia solare sono adatti per i sistemi di energia solare 12, 24 e 48 VDC. Tuttavia, per l'azionamento lento pompe direttamente dal campo solare fotovoltaico è necessario utilizzare il driver corretto. Nella fase di attuazione, oltre 12, 24, e 48 impianti solari VDC bisogno di una corrente lineare Booster (LCB). Il rinforzo LCB (compreso il conducente) corrisponde alla tensione e corrente del potere pannello solare per la tensione e la corrente della pompa. Il rinforzo sufficiente per aiutare nella modalità di avvio, dove le pompe sempre attirare un forte carico di picco di corrente è anche accumulato.

Pompa Regolatore Dankoff LCB DSP-200 è ideale per 12 e 24 VDC sistemi di pompaggio noi 200 watt di potenza di picco. Booster correnti lineari (LCB) aggiunti ad alta efficienza a bassi livelli di luce solare.

Elencare i sistemi di energia solare Esempio l'hardware adeguato per l'elevazione data (aumento), e la distanza lineare su tutta la linea (Run) e (galloni al giorno) per una data situazione. Scorrere verso il basso fino a trovare un sistema simile al progetto.

Sfoglia sistemi di campionamento fino a trovare quello che è vicino alle loro esigenze idriche. Questi esempi danno un'idea della pompa calcestruzzo e alimentazione solare ha bisogno di pompare una data ascensore e la distanza per il vostro progetto.

Esempio W:

Aumento (portanza totale): 20 piedi
Run (Distanza totale attraverso tubi): Fino a 4 miglia

Shallow Water Source: Stagno, torrente, ruscello, lago, piccolo fiume, serbatoio o cisterna - tasso di approvvigionamento di acqua 9,3 litri al minuto

Parti:

Due (2) Pannello solare 135 watt PV nominale di 12 V DC ciascuno, 270 watt totali. PV pannelli solari Esempio: Dasol DS-A18-135, ogni formato 56.7" x 26.2" x 1.38" Top-of-Pole hardware di montaggio per due pannelli di 135 watt (48 VDC serie collegato) Monti a 1.5" Set # 40 pipe (solo pannello solare). Un (1) Surface Forza Dankoff Solar Pump Modello: 3040-48PV. Un (1) Easy Install Dankoff Solar Power Kit per pompe a pistoni. Un (1) Dankoff 30 "In-Line

Filter / Piede Valve Dankoff Modello controller: PPT-48-10 include NEMA 3R, float-switch opzioni consentono di avere un galleggiante nel serbatoio vuoto e galleggiante nel serbatoio pieno cavo di alimentazione, e materiali di fondazione site-specific di goccia. Quart Food Grade 30 Peso olio non tossico riparazione Kit 3040 moduli base.

Giornale di acqua pompata è GPM x 60 x picco per il sito (5,5 ore di punta a Kansas come esempio). Ascensori e sistema di pompe si stima che 3.069 galloni al giorno.

Esempio X:

Aumento (portanza totale): 100 piedi
Run (Distanza totale attraverso tubi): Fino a 4 miglia

Shallow Water Source: Stagno, torrente, ruscello, lago, piccolo fiume, serbatoio o cisterna - tasso di approvvigionamento di acqua 2,3 litri al minuto

Parti:

Un (1) energia pannello solare fotovoltaico da 135 watt a 12 VDC ciascuno. Esempio L'energia solare fotovoltaica: Modulo solare fotovoltaico Dasol DS-A18-135, ogni formato 56.7" x 26.2" x 1.38" Kit di montaggio per un pannello di 135 watt (12 V DC) è montato Top-of-Pole Programma 1.5" # 40 pipe (pannello solare solo). Un (1) Lento Dankoff superficie Pompa Modello: 1303. One (1) Dankoff 30" Filtro digitale Valve / Foot Switch Run-Dry

Dankoff One (1) Dankoff Modello controller: DSP-200 include NEMA 3R, l'opzione float-switch goccia cavo, potenza e materiali di fondazione site-specific.

Giornale di acqua pompata è GPM x 60 x picco per il sito (5,5 ore di punta a Kansas come esempio). Ascensori e sistema di pompe si stima che 759 galloni al giorno.

Esempio Y:

Aumento (portanza totale): 100 piedi
Run (Distanza totale attraverso tubi): Fino a 4 miglia

Shallow Water Source: Stagno, torrente, ruscello, lago, piccolo fiume, serbatoio o cisterna - tasso di approvvigionamento di acqua 9,1 litri al minuto

Parti:

Quattro (4) Pannello solare fotovoltaico valutato a 135 watt ciascuno 12 V DC, 540 watt totali. Pannelli Esempio: Pannelli solari fotovoltaici Dasol DS-A18-135, ogni formato 56.7" x 26.2" x 1.38" Top-of-Pole Hardware di montaggio per quattro pannelli di 135 watt (48 VDC collegato in serie) è montato su 2.5" Programma # 40 pipe (pannello solare solo). Un (1) Surface Forza Dankoff Solar Pump Modello: 3040-48PV. Un (1) Easy Install Dankoff Solar Power Kit per pompe a pistoni. Un (1) Valvola Linea Dankoff 30" filtro / piede. One (1) Modello controller Dankoff PPT-48-10 include NEMA 3R, opzioni float-switch avranno un galleggiante nel serbatoio e vuoto galleggiante nel serbatoio pieno. Goccia cavo, potenza e materiali di fondazione site-specific. Quart Food Grade 30 Peso olio non tossico. Kit di riparazione per 3040 moduli base.

Giornale di acqua pompata è GPM x 60 x picco per il sito (5,5 ore di punta a Kansas come esempio). Sistema di ascensori e pompe fino circa 3.000 litri al giorno.

Esempio Z:

Aumento (Ascensore totale): 200 metri,
Run (Distanza totale attraverso tubi): Fino a 4 miglia

Shallow Water Source: Stagno, torrente, ruscello, lago, piccolo fiume, serbatoio o cisterna - tasso di approvvigionamento di acqua 2,1 litri al minuto

Parti:

Due (2) Pannello solare 135 watt PV nominale di 12 V DC ciascuno, 270 watt totali. Pannelli Esempio: Dasol DS-A18-135, ciascuno Dimensioni: 56.7" x 26.2" x 1.38" Peso: £ 24 Hardware Top-of-Pole di montaggio per due pannelli 135 watt (cablati in serie DC 24 V) Monti Programma 1.5" # 40 pipe (pannello solare solo). Un (1) Lento Dankoff superficie della pompa pompa Modello: 1303. One (1) Dankoff 30 "Power Line Strainer / Piede Valve Dankoff Dry-Run. One (1) Dankoff Modello controller: DSP-200 include NEMA 3R, Opzione float-switch. Cavo, di alimentazione e di materiali di fondazione site-specific di goccia.

Giornale di acqua pompata è GPM x 60 x picco per il sito (5,5 ore di punta a Kansas come esempio). Pompe solleva sistema si stima che 693 galloni al giorno.

Esempio AA:

Aumento (portanza totale): 200 metri
Run (Distanza totale attraverso tubi): Fino a 4 miglia

Shallow Water Source: Stagno, torrente, ruscello, lago, piccolo fiume, serbatoio o cisterna - tasso di approvvigionamento di acqua 4,8 litri al minuto.

Parti:

Quattro (4) Pannello solare fotovoltaico valutato a 135 watt ciascuno 12 V DC, 540 watt totali. Pannelli fotovoltaici Esempio: Pannelli solari fotovoltaici Dasol DS-A18-135, ogni dimensione Hardware di montaggio per quattro pannelli di 135 watt (48 VDC collegato in serie) è montato Top-of-Pole 56.7 in 2.5" Set # 40 pipe (solo pannello solare). Un (1) Surface Forza Dankoff Solar Pump Modello: 3040-48PV. Un (1) Dankoff Easy Install Kit per pompe a pistoni Solar Power, Modello: EZ3000 include collettore in ottone, valvola a sfera, valvola di ritegno, manometro, pressostato, raccordi e tubo pettorale.

Un (1) Dankoff Modello controller: PPT-48-10 comprende NEMA 3R, opzioni galleggiante-switch avrà un galleggiante nel serbatoio vuoto e galleggiante nel serbatoio pieno. Un (1) Kit Float Switch. Un vuoto (1) Off Serbatoio Modello 11002.

One (1) Interruttore Galleggiante Kit serbatoio pieno modello di chiusura. 11023 Cavo di derivazione, energia e materiali di fondazione site-specific. Quart Food Grade 30 Peso olio non tossico (per lubrificare il motore).

Un (1) Kit di riparazione 3040 moduli di base, modello 3522, comprende un kit di imballaggio, valvole a disco in neoprene, molle giunti scatola delle valvole acqua con Cub lavatrice / chiavetta in pelle. Diametro porta di ingresso è di 1,5 pollici, con porta di uscita di diametro di 1 pollice.

Giornale di acqua pompata è GPM x 60 x picco per il sito (5,5 ore di punta a Kansas come esempio). Ascensori il sistema solare e le pompe si stima che 1.584 galloni al giorno.

BB Esempio:

Aumento (portanza totale): 400 metri
Run (Distanza totale attraverso tubi): Fino a 4 miglia

Shallow Water Source: Stagno, torrente, ruscello, lago, piccolo fiume, serbatoio o cisterna - tasso di approvvigionamento di acqua 1,1 litri al minuto

Parti:

Tre (3) Pannello solare fotovoltaico: 135 Watt 12 V
DC ciascuno, 405 watt totali. Fotovoltaico pannelli
solari Esempio: Dasol DS-A18-135, ognuno
Formato:. 56.7" x 26.2" x 1,38" tre pannelli watt Top-
of-Pole hardware di montaggio (135 collegati in
serie 36 VDC) Monti a 1.5" Orario # 40 pipe (pannello
solare solo).

Un (1) pompa di superficie lenta modello di pompa
Dankoff .. 1303. One (1) Valvola Linea Dankoff 30
"filtro / piede One (1) Modifica Dry-Run Dankoff.
One (1) Modello controller Dankoff. DSP -200
comprende NEMA 3R, l'opzione float-switch cavi,
alimentazione e materiali di fondazione site-specific
di goccia.

Giornale di acqua pompata è GPM x 60 x picco per il
sito (5,5 ore di punta a Kansas come esempio).
Ascensori e sistema di pompe si stima che 363
galloni al giorno.

Esempio CC:

Pompe a membrana Dankoff Solaram utilizzato per
pompare acqua per industriale e commerciale
leggero. Alimentatori solari fotovoltaici in 24 VDC
offrono prestazioni eccezionali per sollevare l'acqua
a grandi altezze fino a 960 metri. La pompa a
diaframma è più potente superficie della pompa
Solaram Dankoff.

Queste pompe a membrana sono duri e la costruzione durevole. Sabbia tollerante e funzionamento a secco, queste pompe offrono un cavallo di lavoro duro per le posizioni estreme.

Aumento (portanza totale): 400 metri
Run (Distanza totale attraverso tubi): Fino a 4 miglia

Shallow Water Source: Stagno, torrente, ruscello, lago, piccolo fiume, serbatoio o cisterna - tasso di approvvigionamento di acqua 4,4 litri al minuto

Parti:
Sei (6) solare fotovoltaico di alimentazione del pannello: 135 Watt 12 V DC ciascuno, 810 watt totali. Pannelli Fotovoltaici. Esempio: pannelli solari fotovoltaici Dasol DS-A18-135, ogni formato 56.7" x 26.2" x 1.38" Top-of-Pole Viteria sei pannelli 135 watt (in parallelo / serie 24 VDC) è montato su 2.5" Set # 40 tubi (pannelli solari solo). Un (1) Pompa a membrana Dankoff Solaram modello. Regolatore 23 A (1) Dankoff Solaram 30 ampere per 24 VDC Solar pompe.

Un (1) Valvola Linea Dankoff 30" filtro / piede. Opzioni One (1) Interruttore Dankoff interruttore a galleggiante avrà una vasca di galleggiamento a vuoto e galleggiante nel serbatoio pieno funzione on / off. A (1) Interruttore Galleggiante Kit Dankoff. Cavo di derivazione, potenza e materiali di fondazione, oltre a un letto e di grado alimentare 30 Peso lubrificazione ad olio non tossico.

Giornale di acqua pompata è GPM x 60 x picco per il sito (5,5 ore di punta a Kansas come esempio). Ascensori e sistema di pompe si stima che 1.452 galloni al giorno.

Di accumulo idrico e pressurizzazione

Sistemi per abitazioni convenzionali acqua isolati o cabine, pompa acqua da un pozzo o sorgente d'acqua in un "serbatoio a pressione," poco profonde e che immagazzina l'acqua per uso domestico di pompaggio. Serbatoi a pressione possono essere montati al piano terra, vicino alla casa o cabina.

La pressione per spostare l'acqua dal serbatoio alla sua casa / auto è prodotta da una vescica gonfiabile all'interno del serbatoio che forza l'acqua attraverso tubi di origine. Questa pressione di gonfiaggio è alimentato da energia solare sorgente / wind in posto, ed è utilizzato anche energia solare per pompare l'acqua nel serbatoio.

Un altro approccio, solo acqua pompare solare, utilizza la gravità per produrre la pressione dell'acqua in casa.

Le pompe solari fotovoltaici di potenza dell'acqua, l'uso di pannelli solari fotovoltaici dalla loro fonte di acqua (ad esempio, un ruscello nelle vicinanze) ad un serbatoio situato ad una altitudine superiore a casa tua. Bassa pressione per uso domestico è ottenuta quando il serbatoio è almeno 40 metri sopra la casa. Per arrivare a 30 PSI, considerato normale pressione dell'acqua nelle città si dovrebbe avere il serbatoio almeno 70 metri sopra la casa.

Sistemi di pompaggio solari sono eccellenti acqua per riempire il serbatoio, e dotato di un "galleggiante," la pompa può essere disattivato quando il serbatoio è pieno. Galleggianti possono essere installati in serbatoi e cisterne fino alla distanza dal controller della pompa 200 piedi.

Capitolo Nove: Un breve resoconto di solari Esempi di pompaggio d'acqua in Levante, flusso e galloni al giorno

Diversi sistemi di pompaggio dell'acqua alimentati da energia solare, a seconda se si sta pompando da un pozzo o da una sorgente di superficie, totale Ascensore, flussi pompati solari, e la consegna giornaliera di acqua in litri al giorno di cui sopra in ogni capitolo sono.

Sistemi solari fotovoltaici pompa alimentato a fonti d'acqua profonde anche:

Esempi di sistemi di pompaggio di acqua solare di profondità e, portata in galloni al minuto (GPM) e Total galloni per galloni al giorno al giorno (GPD)

A: 20 Pie Beh, pompaggio 1,95 GPM, offrendo 643 GPD

B: 20 Pie Beh, pompaggio 24 GPM, consegnando 7.920 GPD

C: 50 Pie Beh, pompaggio 27 GPM, consegna 8910 GPD

D: 60 Pie Beh, pompaggio 1,75 GPM, offrendo 577 GPD

E: 75 Pie Beh, pompaggio 8 GPM, consegnando 2.640 GPD

F: 100 Pie Beh, pompaggio 1.61 GPM, offrendo 531 GPD

G: 100 Pie Beh, pompando 6,4 GPM, consegnando 2.112 GPD

H: 100 Pie Beh, pompaggio 12 GPM, consegnando 3.960 GPD

I: 100 Pie Beh, pompaggio 19 GPM, consegnando 6.270 GPD

J: 200 Pie Beh, pompaggio 1.52 GPM, offrendo 500 GPD

K: 200 Pie Beh, pompando 3,8 GPM, consegnando 1.254 GPD

L: 200 Pie Beh, pompando 7,6 GPM, consegnando 2.500 GPD

M: 200 Pie Beh, pompaggio 12 GPM, consegnando 3.960 GPD

N: 400 Pie Beh, pompando 1,8 GPM, offrendo 594 GPD

O: 400 Pie Beh, pompando 4,8 GPM, consegnando 1.584 GPD

P: 400 Pie Beh, pompando 5,7 GPM, consegnando 1.881 GPD

Q: 650 Pie Beh, pompando 0,9 GPM, offrendo 297 GPD

R: 650 Pie Beh, pompando 2,5 GPM, offrendo 825 GPD

S: 650 Pie Beh, pompando 4,1 GPM, consegnando 1.353 GPD

T: 800 Pie Beh, pompando 1,6 GPM, offrendo 528 GPD

U: 800 Pie Beh, pompando 2,5 GPM, offrendo 825 GPD

V: 800 Pie Beh, pompando 3,4 GPM, consegnando 1.122 GPD

Fonte Shallow sistemi di pompaggio dell'acqua:

Sistemi di pompaggio dell'acqua con l'energia solare per pompare l'acqua fino a quattro miglia di distanza qualificati da sollevamento verticale devono pompare, come colline e gli ostacoli, per andare dalla tua fonte d'acqua, impianti di (fiume, torrente, stagno o lago) per la loro serbatoio o cisterna.

W: Ascensore 20 piede verticale, 9.3 GPM di pompaggio, consegnando 3.069 GPD

X: Composizione verticale Altitudine 100 metri, pompando 2,3 GPM, offrendo 759 GPD

Y: Ascensore 100 piede verticale, 9.1 GPM di pompaggio, consegnando 3.000 GPD

Z: Ascensore 200 piede verticale, 2.15 GPM di pompaggio, offrendo 709 GPD

AA: Ascensore 200 piede verticale, 4,8 GPM di pompaggio, consegnando 1.584 GPD

BB: Vertical elevazione di 400 piedi, pompando 1,1 GPM, offrendo 363 GPD

CC: 400 Ascensore piede verticale, 4.4 GPM di pompaggio, consegnando 1.452 GPD

Sistemi di pompaggio dell'acqua con l'energia solare sono notevoli per la loro efficienza, anche con una piccola quantità di luce solare. Accedi dell'energia giornaliera al suo posto la pompa per alimentare la pompa e consegnare da centinaia a migliaia di litri al giorno.

Assicurati di pianificare il vostro progetto di pompaggio di acqua solare fotovoltaico in termini di preparazione del sito, Attrezzatura Design, Attrezzature appalti, consegna attrezzature, installazione di apparecchiature, tra cui Solar Power Supply Bulloneria di montaggio, Controller, e tutti i cavi filo / tubo / terra.

Usare sempre cautela durante l'installazione e l'utilizzo di apparecchi elettrici. I pannelli solari fotovoltaici producono corrente rispettabili e le tensioni e tutte le procedure di sicurezza devono essere seguite.

Assicurarsi di leggere attentamente il manuale di installazione e seguire le istruzioni alla lettera.

Sistemi di corretta installazione e manutenzione di pompaggio dell'acqua fotovoltaico offrono una lunga durata, elevata produttività e facilità d'installazione e il funzionamento.

L'intenzione di questo Book è di fornire una risorsa per i progetti di ricerca di pompaggio di acqua solare. Spero vi sia piaciuto questo book ed è utile per pianificare il vostro specifico pompaggio di acqua solare progetto. Per ulteriori informazioni sui sistemi più grandi, e di altre questioni di energia pulita visita **Solardyne.com** ovunque in tutto il mondo.

Godetevi il vostro pompa ad acqua solare!